DELIUS KLASING

THORSTEN MÜLLER

ENDSTATION

DIE SKURRILSTEN AUTOFRIEDHÖFE EUROPAS

DELIUS KLASING VERLAG

Für Rainer Müller

VORWORT

Dieses Buch zeigt eine Sammlung europäischer Autofriedhöfe. Die Fotos entstanden in Belgien, Deutschland, Finnland, Frankreich, Griechenland, Österreich, Portugal, Schweden, der Schweiz sowie Spanien. Diejenigen, die Einblick in die Autofriedhofsszene haben, werden einige Orte wiedererkennen. Dieser Bildband nähert sich dem Thema Autofriedhöfe primär künstlerisch, ohne die technischen Aspekte vernachlässigen zu wollen.

Wer Orte wie die folgend gezeigten kennt, weiß, dass es dort oft sehr eng ist und es wenig Raum zum Fotografieren gibt. Deshalb sind manche Modelle nur in Details wie Scheinwerfern oder Rücklichtern abgebildet. Diese zeigen aber mitunter die Charakteristik eines Fahrzeugs.

Ich spreche hier immer von Autofriedhöfen und nicht von Schrottplätzen. Auf einem Schrottplatz kann man eine Golf IV-Tür oder einen Anlasser für einen Opel Astra kaufen. Zudem findet man auf Schrottplätzen Dinge wie Kühlschränke oder Waschmaschinen. Das Wort Autofriedhof hingegen löst eher Assoziationen von ewiger Ruhe aus, Stille.

AUTOFRIEDHÖFE SIND ORTE KOMPRIMIERTER MOBILITÄTSGESCHICHTE

Das sind die Orte, um die es in diesem Buch geht. Diese Ruhe muss auch respektiert werden. Grabräubereien oder Vandalismus sollten tabu sein. Ich habe in der Vergangenheit gelangweilte Jugendliche gesehen, die im Beisein ihrer Eltern von Dach zu Dach sprangen oder unmotiviert gegen Karossen traten. Andere demontierten Typenschilder oder andere Devotionalien, die dann vermutlich – aus welchen Gründen auch immer – in irgendwelchen Schubladen verschwanden. Die Orte sollten unverändert bleiben, die Natur erledigt das, was erledigt werden muss, von ganz allein und schafft so ein Kunstwerk von morbidem Charme, das Faszination und Trauer zugleich auslöst.

Wenn man einen Autofriedhof erstmalig betritt, dann steht man ratlos und aufgeregt davor und weiß nicht, wo man entlang gehen soll: links, rechts, geradeaus? Man ist erschlagen von der komprimierten Automobilgeschichte, die sich vor einem eröffnet. Es

stehen dort diverse Opel Rekord, VW Käfer, längst am Markt verschwundene Marken wie Borgward, Hillman, Panhard oder Simca sowie haufenweise unbekannte Modelle, deren Namen erst erfragt werden wollen.
Als Oldtimerfan möchte man sich ehrfürchtig verneigen vor den Dinosauriern der Automobilhistorie, bis man realisiert, dass es nur die sterblichen Überreste jener hochklingenden Namen sind.
Nur die sterblichen Überreste?
Wer noch mal hinschaut, der begreift spätestens dann, dass diese sterblichen Überreste selbst in diesem Stadium des Verfalls und Zerfalls ihre Würde bewahrt haben. Und dann beginnen sie zu erzählen; die vielen Geschichten über ihre Besitzer, kurzum von ihrem Schicksal, das sie hier herbrachte. Diese Würde ist es, die einen in ihren Bann zieht, einem die Augen öffnet für die ganz eigene Ästhetik von Autos, die andere nur abfällig als Schrott bezeichnen.
Da liegen Fahrzeuge vor einem, zum Teil komplett in sich zusammengebrochen, mit Scheinwerfern, die an Kabeln aus der Karosserie hängen wie verlorene Augen, einem Kühlergrill, der wie ein zerbrochenes Rückgrat in den Himmel ragt. Und über allem liegt eine ganz besondere Erhabenheit, eine besondere Ästhetik, die irgendwo im Spannungsfeld zwischen technischer Evolution und Agonie angesiedelt ist.

ÄSTHETIK ZWISCHEN EVOLUTION UND AGONIE

Ehe ich meinen ersten großen Autofriedhof betrat, machte ich eine Reihe von Vorerfahrungen. So war es im Berlin der 1990er-Jahre modern, sein Auto, wenn es nicht mehr gebraucht wurde, einfach irgendwo am Straßenrand abzustellen. Damit schien für den Halter der Fall erledigt gewesen zu sein. Und ich glaube nicht, dass alle, die sich derart verhielten, die Fahrgestellnummer herausfeilten; zum Teil waren die entsorgten Fahrzeuge sogar noch mit Kennzeichen versehen. Gebaut waren diese so ziemlich alle in den späten 1970er- oder 1980er-Jahren, also hässliche, kantige Wagen wie der Golf I, der Ford Granada II oder

der Opel Ascona C. Hier ergaben sich bereits die ersten Fotomotive, doch auf zahlreichen Urlaubsreisen in südliche Länder – Frankreich, Griechenland, Portugal, Spanien – begegneten mir abgestellte Autos in Feld und Flur, die deutlich schöner wirkten, weil sie älter waren. So entwickelte sich mein Fotothema abgestellte Autos. Zunächst begegnete ich dem Thema noch ganz dokumentarisch.
Doch eines Tages hörte ich schließlich von einem Ort in der Schweiz, an dem sich Hunderte Fahrzeuge befinden sollten. Im Jahre 2009 wurde dieser Platz leider auf behördliche Anordnung geräumt. Und spätestens hier vollzog sich dann jener eingangs beschriebene Wandel hin zu jener ästhetischen Faszination, die von abgestellten Autos ausgeht.
Seitdem ist die Tatsache, ob es vor Ort Autofriedhöfe gibt, durchaus eine Triebfeder zur Wahl eines Reiseortes geworden. So kam ich unter anderem nach Skandinavien und Belgien.

GESCHICHTEN AUS BEWEGTEN AUTOLEBEN

Es ist absolut interessant, wie sich der Wert einer Sache im Laufe der Zeit extrem verändert und wandelt.
Irgendjemand entschloss sich einst, ein Auto neu zu kaufen. Das Geld dafür musste von den meisten hart erspart werden, Kredite wurden zur Finanzierung aufgenommen, damit endlich der neue Opel Kadett oder ein anderer Wagen vor der Tür oder in der Garage stand. Gern fuhr man dann durch die Wohnstraße und wähnte die Nachbarn blass vor lauter Neid: »Haben Sie schon gesehen, Herr Waldtschmidt? Der Herr Greeb hat 'nen neuen Wagen.«
Und eines Tages ist der einstige Stolz, um den man beneidet wurde, nur noch ein kläglicher Haufen Schrott. Nach soundsovielen Jahren muss für die Hauptuntersuchung ein gewisser Betrag in die Verkehrssicherheit investiert werden, der ab einem bestimmten Alter den Wert des Autos übersteigt, sodass es dann um das individuelle Schicksal des Fortbewegungsmittels geschehen ist: ab zur Schrottpresse.
Zynisch ausgedrückt: Autos werden zum Verschrotten gebaut.
Wer aber über einen Autofriedhof geht, der meint die Autoleichen leise erzählen zu hören. Geschichten wie die folgenden …

Citroën C4G			
1928–1934	243 068 Stück	4 Zylinder	32 PS
1767 cm³	95 km/h	1470 kg	4,25 m

Citroën Typ H

1947–1981	473 289 Stück	4 Zylinder	1911 cm^3
50 PS	80 km/h	1400 kg	4,26 m

Peugeot 201

1929–1937	142 309 Stück	4 Zylinder	1122 cm^3
23 PS	80 km/h	890 kg	3,80 m

Citroën Rosalie

1932–1938	38 840 Stück	4 Zylinder	1452 cm^3
32 PS	90 km/h	1165 kg	4,24 m

Lancia Aprilia

1937–1949	27 636 Stück	
4 Zylinder	1352 cm³	47 PS
129 km/h	880 kg	3,96 m

Letztens fand ich im Internet ein Bild mit dem Titel »Patinöses Auto« von einem Schweden namens Mikael Persbrandt. Aus dem Zusammenhang heraus erkannte ich im Untertitel den Namen einer Ortschaft. Die Seite bot eine Kontaktmöglichkeit, und so fragte ich Mikael, ob sein patinöses Auto in oder bei diesem Ort zu finden sei.

Ja, antwortete er auch prompt, leider könne er mir den Weg zum Autofriedhof aber nicht beschreiben, da er von seinem Vater dorthin geführt wurde. Er habe nicht auf den Weg geachtet.

Ich solle einfach im Ort nach Krister Henriksson, dem Besitzer des Platzes, fragen. Den würde jeder in Åborsjö kennen.

Es war nicht unbedingt die exakteste Beschreibung, die ich bekam. Da ich aber sowieso nach Schweden fuhr, bin ich also auch in Åborsjö vorbei, wo ich auf die Tankstelle am Ortseingang fuhr. Das Verrückte war, dass der Tankwart, den ich nach Krister Henriksson fragte, diesen tatsächlich kannte und sagte, der hätte einen Trödel- und Antiquitätenhandel. Er würde dort vorn wohnen und zeigte mir den Weg. Das Auto auf dem Foto »Patinöses Auto« entpuppte sich später als ein Renault Celtaquatre von 1934.

Renault Celtaquatre

1934–1938	62 987 Stück	4 Zylinder	1463 cm^3
30 PS	100 km/h	1150 kg	4,02 m

1937 Chevrolet Master

1937	815 375 Stück
6 Zylinder	3548 cm³
85 PS	110 km/h
1255 kg	Länge k. A.

1937 Dodge D5

1937	295 047 Stück	6 Zylinder	3569 cm³
87 PS	1315 kg	km/h k. A.	Länge k. A.

1939 Chevrolet Master

1939	577 278 Stück	6 Zylinder	3548 cm³
85 PS	km/h k. A.	1346 kg	4,75 m

1946 Chevrolet Fleetmaster Series DK

1946	228 065 Stück	6 Zylinder	3548 cm³
90 PS	km/h k. A.	1417 kg	5,02 m

Ich bin in Gammalköping auf dem Platz von Herrn Söderberg. Das Tor zum Grundstück ist offen. Die Tür eines Holzhauses mit Veranda steht ebenfalls offen, von drinnen hört man Stimmen. Ich rufe hinein, um mich bemerkbar zu machen, denn scheinbar hat niemand mein Kommen bemerkt. Eine Frau, die sich die Hände mit einem Geschirrtuch abtrocknet, begrüßt mich freundlich. Ich antworte auf Englisch. Ach, aus Berlin, sehr nett. Schöne Stadt, sagt sie, sie wäre auch schon mal dort gewesen.

Fotografieren? Die Autos? Ja, das geht bestimmt. Der Platz mit den Autos würde von ihrem Bruder bewirtschaftet, der ist gerade zu Hause beim Mittag, müsse aber jeden Moment kommen. Sie feierten schließlich den 80. Geburtstag vom Opa. Ob ich auch ein Stück Kuchen und eine Tasse Kaffee möchte?

Kurz darauf erscheint Herr Söderberg. Fotografieren ist kein Problem. Er erklärt mir kurz die Ausmaße des Platzes, und welchen Weg ich am besten gehe.

Später dann, es mag so dreiviertel Fünf sein, kommt Herr Söderberg vorbei. »Ach hier bist du! Ich suche dich schon«, sagt er. »Und? Was Tolles fotografiert?«

Am meisten beeindruckt hätte mich der 1939er Ford Anglia, antworte ich ihm. Ansonsten stelle ich fest, dass es hier jede Menge Mücken gibt.

»Das stimmt«, erwidert er und klatscht sich reflexartig auf den linken Unterarm, »ist aber besser als Bären. Du, hör mal, ich will demnächst Feierabend machen. Wie lange bräuchtest du denn noch zum Fotografieren?«

»Ich denke, es könnten so 45 Minuten sein, mehr wohl nicht.«

»Na dann zieh' doch das Tor einfach zu, wenn du gehst. Ich gehe dann nämlich in zehn Minuten.«

Ich frage, ob er mein Auto gesehen hat, was er mit einem Nicken bejaht. Ich bin mit einem R4 F4 unterwegs und erkläre ihm, dass ich die Seitenfenster wegen der sommerlichen Hitze offen gelassen habe. Hinter dem Beifahrersitz stünde ein blauer Faltkorb. Darin wären unter anderem zwei Flaschen Schnaps, Obstler. Diese führe ich quasi als Eintrittskarte mit mir, falls es mal Schwierigkeiten mit einer Fotoerlaubnis gibt. Er möge sich doch bitte eine davon nehmen. Er lächelt verschwörerisch: »Das mache ich doch gern!«

Ford Anglia E04A (Coffin Nose)

1939–1948	55 807 Stück	4 Zylinder	933 cm³
23 PS	92 km/h	748 kg	3,86 m

Hillman Minx Mark I

1945–1947 ca. 60 000 Stück (mit Minx Mk II)

4 Zylinder 1185 cm^3 35 PS 101 km/h 966 kg 3,87 m

GAZ-M20 (Pobeda)

1946–1958 235 997 Stück 4 Zylinder 2112 cm^3

50 PS 105 km/h 1350 kg 4,67 m

Lincoln Continental

1946–1948	3334 Stück	12 Zylinder	4787 cm³
120 PS	144 km/h	1940 kg	5,58 m

Škoda 1102 Tudor

1948–1952	81 140 Stück	4 Zylinder	1089 cm³
32 PS	105 km/h	940 kg	4,05 m

DDR

9. November 1989, Schabowski öffnet auf einer Pressekonferenz in Ost-Berlin gerade den »Antifaschistischen Schutzwall«, wie die Berliner Mauer im SED-Jargon heißt. Die neue Reiseregelung trete seines Wissens sofort und unverzüglich in Kraft, sagt er.
Zwei Männer aus dem thüringischen Mühlhausen setzen die Nachricht sofort und unverzüglich in die Tat um und fahren in dieser Nacht zum 10. November 1989 mit ihrem VW Käfer in die BRD, um ihn zu verkaufen. In Kassel bieten sie in den frühen Morgenstunden einem Zeitungsausträger ihr Auto feil. Dieser winkt ab, verweist aber auf einen »Verrückten« in Fuldatal, der Käfer sammeln würde. Sie fahren zu Otto, wie er heißt. Für 1000 DM wechselt der Wagen noch am Vormittag seinen Besitzer. Die beiden haben lediglich die Zulassung dabei, einen Fahrzeugbrief gibt es nicht.
Anhand der Fahrgestellnummer 1-058452 findet Otto in Wolfsburg heraus, dass der Käfer am 17. Juli 1946 fertiggestellt und am 6. August an die Sowjetische Militäradministration in Berlin geliefert wurde.
Otto fährt ihn im Alltag und wird hin und wieder mit Bananen bedacht, da er das DDR-Kennzeichen weiter nutzt. Am 13. August 1991, dem 30. Jahrestag des Berliner Mauerbaus, fährt er den Wagen in seinen Garten und pflanzt zwei Eichen zwischen den Stoßstangen und der Karosserie, eine vorn und eine hinten. Eine aus dem Westen und eine aus dem Osten. Es sagte in diesen Tagen jemand, dass nun zusammenwachse, was zusammengehöre.
Diese Installation wird am 9. November 2019, dem 30. Geburtstag des Mauerfalls, beendet werden.

Volkswagen Typ 11 Limousine (Käfer)

1946–1953	376 218 Stück	4 Zylinder	1131 cm^3
25 PS	105 km/h	650 kg	4,20 m

Austin A40 Devon

1947–1952	456 544 Stück
4 Zylinder	1200 cm^3
40 PS	110 km/h
966 kg	3,89 m

Hillman Minx Mark II

1947–1948	ca. 60 000 Stück (mit Minx Mk I)
4 Zylinder	1185 cm^3
35 PS	106 km/h
914 kg	3,96 m

Renault 4CV (Crèmeschnittchen)

1947–1961	1 105 547 Stück	4 Zylinder	760 cm^3
17 PS	90 km/h	615 kg	3,66 m

Mercedes-Benz 170 V W 136

1936–1942 und 1946–1953		71 973 Stück
4 Zylinder	1697 cm^3	38 PS
108 km/h	1160 kg	4,29 m

VANGUARD

Standard Vanguard Phase I

1947–1953	174 779 Stück	4 Zylinder	2088 cm^3
68 PS	127 km/h	1191 kg	4,22 mm

Austin A70 Hampshire

1948–1950	35 261 Stück	4 Zylinder	2199 cm³
67 PS	134 km/h	1270 kg	4,14 m

Jaguar Mark V

1948–1951	10 466 Stück	6 Zylinder	3485 cm³
122 PS	146 km/h	1767 kg	4,76 m

Peugeot 203

1948–1960	685 828 Stück	4 Zylinder	1290 cm³
42 PS	116 km/h	920 kg	4,35 m

Singer SM 1500

1948–1954	17 382 Stück	4 Zylinder	1506 cm³
48 PS	ca.120 km/h	1143 kg	4,41 m

Ford Consul I

1951–1956	227 732 Stück
4 Zylinder	1508 cm³
41 PS	1104 kg
116 km/h	4,22 m

IFA F9

1950–1953	ca. 1880 Stück
3 Zylinder	901 cm³
28 PS	910 kg
110 km/h	4,20 m

1950 Kaiser Henry J

1950–1954	ca. 123 000 Stück	6 Zylinder	2641 cm³
81 PS	132 km/h	1130 kg	4,43 m

Saab 92

1949–1956	20 128 Stück	2 Zylinder	764 cm³
25 PS	100 km/h	805 kg	3,92 m

Austin A30

1951–1956	223 264 Stück	4 Zylinder
803 cm³	27 PS	100 km/h
685 kg	3,46 m	

Volvo PV444 (Buckel-Volvo)

1947–1958	196 005 Stück (alle Modelle)	
4 Zylinder	1414 cm³	40 PS
ca. 110 km/h	928 kg	4,45 m

Hillman Minx Mark V

1951–1953	59 777 Stück
4 Zylinder	1265 cm³
38 PS	117 km/h
908 kg	4,00m

Ford Taunus G93A De Luxe (Buckeltaunus)

1948–1952	76 590 Stück (alle Modelle)	4 Zylinder	1172 cm³
34 PS	105 km/h	900 kg	4,09 m

44

Ich habe aus dem Internet von einem Autofriedhof in Schweden erfahren. Eines der Bilder, die ich gesehen habe, war mit einem Geotag versehen. Der Ort liegt in unmittelbarer Nähe eines Sees.
Diese Karte habe ich mir in mehreren Maßstäben kopiert, um dorthin zu finden. Man muss im nächstgelegenen Ort, durch den die Hauptstraße führt, so weit fahren, bis man über einen Fluss kommt, dann sofort an der nächsten Kreuzung links abbiegen und der Straße immer weiter folgen, vorbei an wundervollen schwedischen Holzhäusern, die irgendjemand in die Landschaft gepflanzt zu haben scheint. Nach acht Kilometern endet die Asphaltierung und mündet in eine Schotterpiste. Ich bin durchaus irritiert, als ich in Links- und Rechtskurven dem Straßenverlauf folge. Unruhe macht sich breit. Ich frage mich, ob sich jemand einen Scherz erlaubt hat und der Geotag womöglich ins Nirwana führt. Schließlich entdecke ich nach weiteren geschätzten zwölf Kilometern das erste Auto am Straßenrand, weitere folgen. Ich überschlage die Ansammlung der Fahrzeuge, die dort im Wald stehen, auf einige Hundert insgesamt.

SCHATZSUCHE IM HOHEN NORDEN

Mein Zelt schlage ich am Rande des Platzes auf, es gibt ja das »Jedermannsrecht« in Skandinavien. Täglich begegnen einem hier vielleicht ein Dutzend Leute. Einmal kam ein Reisebus mit Senioren vorbei, die den Autofriedhof bevölkerten, was niedlich anzuschauen war. Ich bin der schwedischen Sprache nicht mächtig, verstehen konnte man das Gesagte jedoch auch teilweise so. Wenn beispielsweise eine ältere Dame auf einen Ford Taunus »Badewanne« zeigte, dann hörte ich sinngemäß: »Schau mal, Ole. Den hatten wir doch auch mal, weißt du noch? Waren wir mit dem nicht in …«

1951 Kaiser De Luxe

1950–1951	71 568 Stück	6 Zylinder	3707 cm³
117 PS	134 km/h	1520 kg	5,34 m

Mit allen, die ich hier treffe, komme ich schnell in Kontakt. Man tauscht sich über diesen oder jenen Autofriedhof aus. Das meiste kennt man. Zwischendurch gibt es aber doch noch Neuigkeiten.
Einmal ist eine Gruppe von fünf Männern vor Ort, die alle passende Kleidung für die skandinavische Wildnis tragen, vor allem Gummistiefel. Einer in einem Blaumann ist mit einem Klemmbrett unterwegs und notiert die Fahrgestellnummern der abgestellten Autos, wozu er jede Motorhaube öffnet.
Die Fünfergruppe fragt, woher ich komme und wohin ich noch fahren werde. Nach Gammalköping, antworte ich, dort wäre noch ein Platz auf meiner Agenda.
Sie kämen aus Gammalköping, antworten sie erfreut. Ja, diesen Platz kennen sie ebenfalls, er wäre praktisch vor ihrer Haustür. Er sei super und der Besitzer total freundlich.
Außerdem berichten sie vom Hof des Bauern Eriksson, der auf dem Weg nur ein paar Kilometer von Gammalköping entfernt liege. Dort würden sowohl ein 1937er als auch ein 1939er Chevrolet stehen. Sogar ein Kaiser sei dort.

Simca 9 Aronde

1951–1955	ca. 250 000 Stück
4 Zylinder	1221 cm³
42 PS	120 km/h
910 kg	4,10 m

Volkswagen Typ 26 T1

1952–1954	7347 Stück	4 Zylinder	1131 cm³
25 PS	80 km/h	990 kg	4,28 m

Austin A40 Somerset

1952–1954	173 306 Stück	4 Zylinder	1200 cm³
42 PS	113 km/h	978 kg	4,05 m

Borgward Hansa 1800

1952–1954	11 577 Stück	4 Zylinder	1758 cm³
60 PS	136 km/h	1140 kg	4,45 m

Morris Minor Series II

1952–1956	269 838 Stück
4 Zylinder	803 cm³
30 PS	100 km/h
770 kg	3,76 m

1953 Buick Roadmaster Serie 70

1953	79 237 Stück	8 Zylinder	5277 cm³
188 PS	165 km/h	1857 kg	5,24 m

DKW F91 3=6 Sonderklasse

1953–1955	(Kombi bis 1957)	72 600 Stück
3 Zylinder	896 cm³	34 PS
120 km/h	870 kg	4,23 m

1953 Chevrolet 210 DeLuxe

1953	123 075 Stück
6 Zylinder	3859 cm³
108 PS	137 km/h
1490 kg	4,96 m

Ford Anglia 100E

1953–1959	345 841 Stück	4 Zylinder	1172 cm³
36 PS	113 km/h	737 kg	3,85 m

1952 Ford Crestline

1952–1954	543 411 Stück	8 Zylinder	3929 cm³
110 PS	km/h k. A.	1480 kg	5,02 m

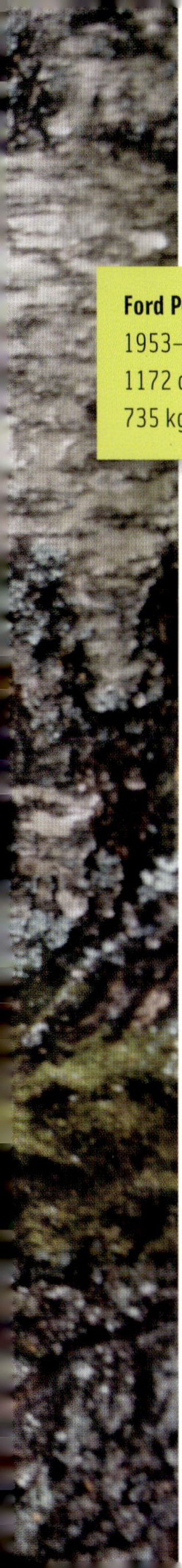

Ford Popular 103E

1953–1959	155 340 Stück	4 Zylinder
1172 cm³	30 PS	98 km/h
735 kg	3,84 m	

Ford Transit FK 1000

1953–1965
255 824 Stück
4 Zylinder
1172 cm³
38 PS
95 km/h
1000 kg
4,30 m

Mercedes-Benz 190b W 121

1959–1961	28 114 Stück
4 Zylinder	1897 cm³
80 PS	145 km/h
1200 kg	4,50 m

Opel Olympia Rekord '53

1953–1954	144 845 Stück	4 Zylinder	1488 cm³
40 PS	122 km/h	895 kg	4,24 m

JZ-14-65

1954 Chevrolet 150 Special

1954	129 459 Stück	6 Zylinder	3859 cm³
115 PS	143 km/h	1422 kg	4,96 m

Borgward Isabella

1954–1962	202 872 Stück	4 Zylinder	1493 cm³
60 PS	135 km/h	1040 kg	4,39 m

Humber Hawk Mk VI

1954–1956	18 836 Stück	4 Zylinder	2267 cm³
71 PS	129 km/h	1360 kg	4,60 m

MG Magnette ZA

1953–1956	18 076 Stück	4 Zylinder	1489 cm³
61 PS	125 km/h	1118 kg	4,26 m

Schweden, April 1954. Carl Wesselberg ist mit seiner Frau beim Autohändler in Karlstad, wo er seinen neuen Wagen in Empfang nimmt. Ein Traum von einem Auto. Das Neueste und Modernste, was es gerade zu kaufen gibt: Pontonkarosserie, sechs Zylinder, Dreigang-Lenkradschaltung, eine durchgehende Frontscheibe. Ein Opel Kapitän '54, dunkelblau. Es soll Herrn Wesselbergs letztes Auto sein. In zwei Monaten, er wird dann 69 Jahre alt sein, will er seine Arztpraxis aufgeben und in den Ruhestand gehen: Zum Schluss noch etwas Richtiges kaufen. Es ist das erste Mal, dass er ein deutsches Auto kauft und kein amerikanisches. Alle seine Fahrzeuge davor waren Amerikaner, der letzte ein Chevrolet Fleetmaster, Baujahr '46, den er unmittelbar nach dem Krieg erwarb und vorgestern an Gunnar Svensson, den Tischler im Ort, verkaufte. Viel hat er dafür nicht mehr bekommen, was soll's. Vor dem Chevy fuhr er einen '37er Dodge. Mit dem hatte er nur Ärger. Ständig ging etwas kaputt. Meistens stand der Wagen in seiner alten Scheune, vor allem im Krieg, als es schwer war, Ersatzteile zu bekommen. Ob sein Dodge wohl noch fährt?

Just in diesem Augenblick sind die Formalitäten erledigt, er hat bar bezahlt und hält den Schlüssel in seiner Hand. Am Auto beglückwünscht der Händler das Ehepaar Wesselberg zu diesem Kauf, während der Lehrling noch den letzten Staub von der Motorhaube wischt. Der Händler schüttelt beiden die Hände. Es fühlt sich toll an, in diesem Auto zu sitzen, stellen beide fest. Es riecht auch so gut nach neuem Auto. Sanft streichen er und sie über die Inneneinrichtung, sichtlich von Stolz erfüllt. Sanft gleitet der Zündschlüssel ins Zündschloss, Carl Wesselberg dreht ihn im Uhrzeigersinn herum, im Cockpit gehen einige Lämpchen an, er dreht noch ein Stückchen weiter, und summend startet der Motor.

Opel Kapitän '54

1953–1954	61 543 Stück (alle Modelle)	6 Zylinder	2473 cm³
68 PS	138 km/h	1250 kg	4,71 m

Opel Olympia Rekord '53

1953–1954
144 845 Stück
4 Zylinder
1488 cm^3
40 PS
122 km/h
895 kg
4,24 m

Mercedes-Benz 190 SL W121 B II

1955–1963	25 881 Stück	4 Zylinder	1897 cm^3
105 PS	180 km/h	1140 kg	4,29 m

Kreta. Super-Wetter. Es sind zwar 40 °C im Schatten, aber die Luft ist trocken. Überall stehen Autowracks am Straßenrand: Einen Humber Sceptre und einen Hillman Minx habe ich unter anderem gesehen. Aber was ist das dort? Irgendein Amiteil, das ich auf den ersten Blick in die 1950er-Jahre datiere, steht auf einem Grundstück, barackenartige Bauten, die wohl als Wohnhäuser fungieren, angrenzend. Ich steige aus, um den Wagen zu begutachten. Kaum stehe ich daneben, gesellt sich ein kleiner Junge zu mir, zehn Jahre mag er alt sein. Er beginnt zu reden wie ein Buch, dummerweise verstehe ich kein Griechisch. Er deutet mit dem Zeigefinger erst auf das Auto, dann tippt er sich auf die Brust. Aha, denke ich, das ist also seiner. Ich lächle. Stolz steht er neben mir. Ich zeige auf meinen Fotoapparat, um eine Fotoerlaubnis zu erhalten. Wohlwollend nickt er und gestattet mir die Aufnahmen. Aber was ist das für ein Auto? Ich nenne ihm fragend amerikanische Marken. Buick? Chevrolet? Dodge?
»Ford Mainline«, antwortet er.
Ich hebe meine Hand zum Dank und verabschiede mich.

1955 Ford Mainline

1955	291 743 Stück
6 Zylinder	3653 cm³
120 PS	145 km/h
1371 kg	5,04 m

Mercedes-Benz O 319

1956–1968	1909 Stück	4 Zylinder	4,82 m
1897 cm³	65 PS	95 km/h	kg k. A.

Simca Aronde 90A

1955–1958	1 400 000 Stück (mit 9 Aronde und Aronde P60)				
4 Zylinder	1290 cm³	48 PS	131 km/h	920 kg	4,11 m

1955 Plymouth Plaza

1955–1956	742 991 (alle Modelle)
6 Zylinder	3772 cm³
110 PS	km/h k. A.
1310 kg	5,18 m

Wartburg 311/312

1955–1967	279 082 Stück	3 Zylinder	992 cm³
45 PS	122 km/h	960 kg	4,30 m

Opel Olympia Rekord '57

1956–1957	169 721 Stück	4 Zylinder	1488 cm³
45 PS	122 km/h	910 kg	4,25 m

Renault Dauphine

1956–1967	2 150 738 Stück	4 Zylinder	845 cm³
27 PS	114 km/h	630 kg	3,95 m

1957 Chevrolet 210
1956–1957
1 546 406 Stück
6 Zylinder
3859 cm³
142 PS
169 km/h
1540 kg
5,08 m

Fiat 1100 R 103 D

1957–1959	ca. 150 000 Stück
4 Zylinder	1089 cm³
43 PS	über 120 km/h
880 kg	3,91 m

Ford Taunus 12M G13 (Weltkugel-Taunus)

1952–1959	215 265 Stück	4 Zylinder	1172 cm³
38 PS	112 km/h	850 kg	4,06 m

Ford Taunus 17M P2 de Luxe

1957–1960	239 973 Stück	4 Zylinder	1698 cm³
60 PS	128 km/h	1025 kg	4,38 m

Saab 93B

1955–1960	52 731 Stück	3 Zylinder	748 cm³
33 PS	105 km/h	805 kg	3,92 m

Opel Rekord P1

1957–1960	816 955 Stück (alle Modelle)	4 Zylinder	1488 cm³
45 PS	125 km/h 905 kg	4,43 m	

OPEL
VKL-446

Simca Ariane 4

1957–1963	129 058 Stück	4 Zylinder	1288 cm^3
63 PS	km/h k. A.	1180 kg	4,52 m

Wolseley 1500

1957–1965	103 394 Stück	4 Zylinder	1489 cm³
43 PS	126 km/h	935 kg	3,85 m

Vauxhall Victor F

1957–1961	390 745 Stück	4 Zylinder	1507 cm³
47 PS	ca. 120 km/h	980 kg	4,23 m

Ich bin auf dem Weg nach Hause. Vorher will ich aber noch wissen, wie die Stadt aussieht, in der Kurt Wallander lebt: Ystad. Ich sehe ihn vor mir.
Es regnet gerade in Strippen, immer wieder Schauer … Doch was ist dort rechts zu sehen? Ich bin dummerweise außerhalb einer geschlossenen Ortschaft und fahre mit einer Geschwindigkeit von, äh, wie schnell darf man in Schweden noch gleich fahren?
Die nächste Einfahrt nutze ich zum Wenden und fahre zurück.
Links abbiegend fahre ich aufs Grundstück, an dem blauen Wagen, bei dem ich das Fabrikat nicht erkennen kann, vorbei. Engländer, tippe ich. Es sieht bizarr aus. Der Rasen des Grundstücks ist frisch gemäht, außer den vielleicht fünf Zentimetern vor dem Auto. Dort endete offenbar die Reichweite des Rasenmähers.
Das Haus scheint leerzustehen, unbewohnt, das Dach ist kaputt. Allerdings parkt ein zirka 20 Jahre alter Toyota, zugelassen, verkehrssicher wirkend, am Haus. Ich steige aus. Höre Stimmen. Hinter dem verlassenen Haus steht ein Wohnwagen mit offener Tür. Daher kommen die Stimmen, die ich höre. Ich nähere mich, stehe vor der Tür und rufe »Hey!« Der Raum ist mit Zigarettenqualm geschwängert, sodass ich die drei Männer nur schemenhaft erkennen kann. Die beiden, die an der Seite des Tisches sitzen, drehen mir ihre Köpfe wie in Zeitlupe zu. Sie wirken wie mumifizierte Ausgaben von Iggy Pop und Lemmy Kilmister. Der dritte sitzt mit dem Rücken zur Tür und wendet sich ebenfalls um. Er sieht aus wie Ritchie Blackmore als Zombie verkleidet. Er steht auf und fragt, was ich möchte.

»Äh, ob ich wohl das blaue Auto dort vorn fotografieren dürfte?«, frage ich leicht verunsichert. Ritchie antwortet sinngemäß, der gehöre 'nem Kumpel von ihm, »aber klar, kannste fotografieren.«
»*Highway Star*« erklingt reflexartig in meinen Ohren:
»*Nobody gonna take my car*
I'm gonna race it to the ground.
Nobody gonna beat my car
It's gonna break the speed of sound.« *
Er steht auf, geht an mir vorbei in Richtung des Autos und signalisiert mir, zu folgen. Iggy und Lemmy verbleiben im Wohnwagen und rauchen.

ICH MAG ES, WIE ES IST!

Am Auto angekommen, lese ich Vauxhall und werde später wissen, es ist ein '57er Victor. Ritchie redet die ganze Zeit, fängt an, das Gras am Wagen auszurupfen, damit ich das gute Stück auch toll vor die Linse bekomme. »No, no, no«, sage ich, »lass' das Gras drin, ich mag es, wie es ist!«

* Text: Ritchie Blackmore / Ian Gillian/ Roger Glover/ Jon Lord/ Ian Paice

Opel Rekord P1

1957–1960	816 955 Stück (alle Modelle)	4 Zylinder	1488 cm³
45 PS	125 km/h 905 kg	4,43 m	

Lloyd Alexander TS

1958–1961	176 516 (alle Modelle)	
2 Zylinder	596 cm³	25 PS
110 km/h	565 kg	3,35 m

Simca Aronde P60

1959–1963 | 1 400 000 Stück (mit 9 Aronde und Aronde 90A) | 4 Zylinder
1290 cm³ | 48 PS | 132 km/h | 930 kg | 4,18 m

Moskwitsch 407

1958–1963 | 359 980 Stück | 4 Zylinder | 1358 cm³
45 PS | 115 km/h | 990 kg | 4,06 m

Volvo PV544
1958–1965
243 995 Stück
(alle Modelle)
4 Zylinder
1580 cm³
60 PS
135 km/h
ca. 1000 kg
4,45 m

DKW Junior 750

1959–1962	118 986 Stück	3 Zylinder	741 cm³
34 PS	115 km/h	695 kg	3,97 m

Hansa 1100/2 Kombi

1959–1961	16 575 Stück	4 Zylinder	1093 cm³
40 PS	124 km/h	900 kg	4,10 m

Fiat 1800

1959–1961	ca. 30 000 Stück
6 Zylinder	1795 cm³
85 PS	über 140 km/h
1230 kg	4,47 m

Panhard PL 17

1959–1965	ca. 130 000 Stück
2 Zylinder	851 cm³
42 PS	135 km/h
815 kg	4,28 m

Škoda Octavia

1958–1964	ca. 310 000 Stück (Limousine)			4 Zylinder
1089 cm³	40 PS	110 km/h	920 kg	4,07 m

Borgward Arabella 38

1959–1963	47 040 Stück (alle Modelle)		4 Zylinder	897 cm³
38 PS	120 km/h	695 kg	3,80 m	

1960 Chevrolet 1500 Bel Air

1960	ca. 381 500 Stück		6 Zylinder	3859 cm³
35 PS	146 km/h	1456 kg	5,31 m	

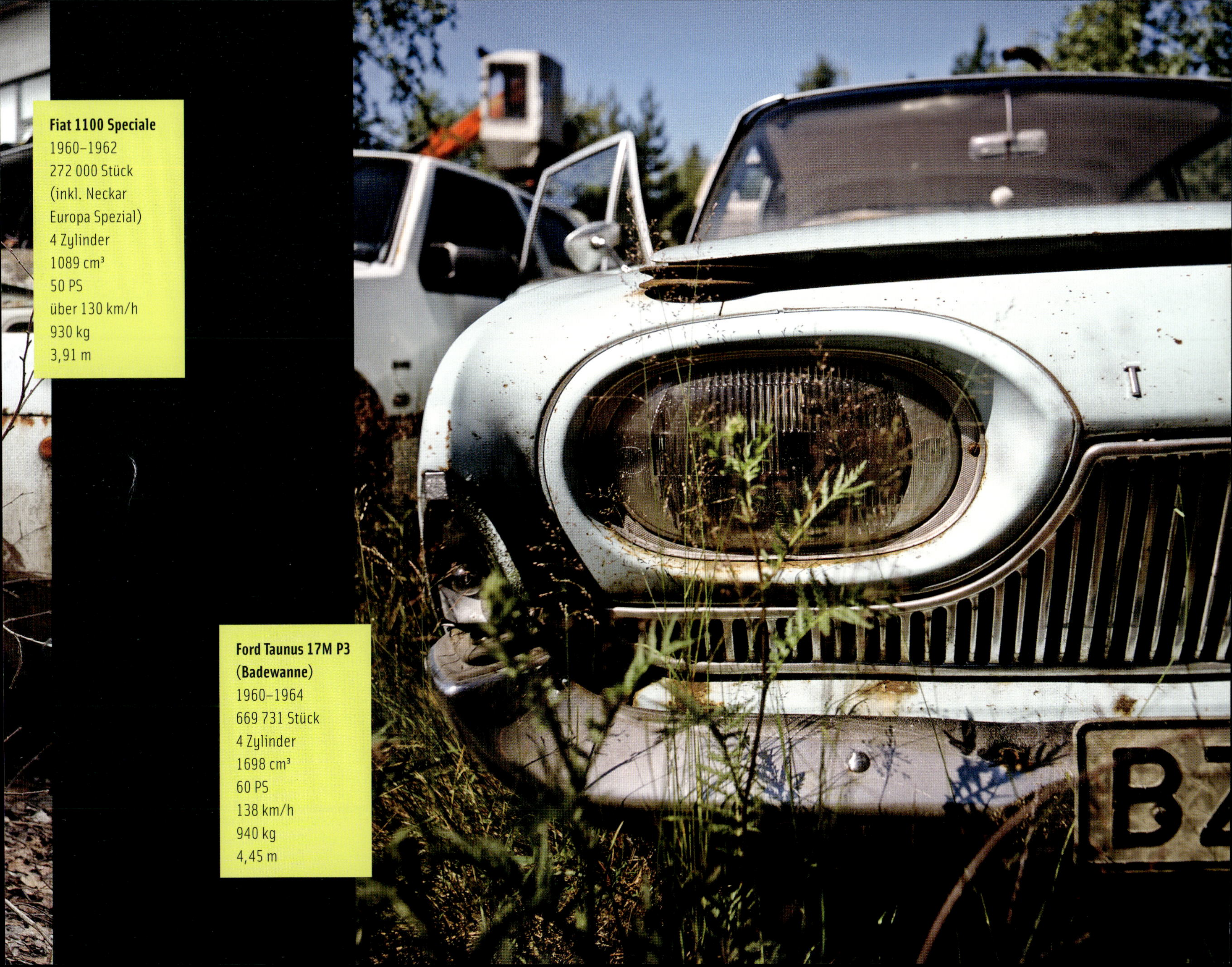

Fiat 1100 Speciale
1960–1962
272 000 Stück
(inkl. Neckar
Europa Spezial)
4 Zylinder
1089 cm³
50 PS
über 130 km/h
930 kg
3,91 m

Ford Taunus 17M P3
(Badewanne)
1960–1964
669 731 Stück
4 Zylinder
1698 cm³
60 PS
138 km/h
940 kg
4,45 m

P 18988

Opel Rekord P2
1960–1963
786 411 Stück
4 Zylinder
1680 cm³
60 PS
129 km/h
940 kg
4,52 m

Peugeot 404

1960–1975	2 885 277 Stück	4 Zylinder	1618 cm³
73 PS	157 km/h	1090 kg	4,45 m

1961 Plymouth Valiant

1960–1962	444 164 Stück	6 Zylinder	2789 cm³
148 PS	ca. 155 km/h	1215 kg	4,70 m

DKW Junior de Luxe

1961–1963	118 619 Stück	3 Zylinder	795 cm³
34 PS	118 km/h	710 kg	3,97 m

MEDELPAD
FIAT 1500

Fiat 1500
1961–1964
ca. 115 000 Stück
4 Zylinder
1481 cm³
67 PS
150 km/h
960 kg
4,03 m

Neckar Europa Spezial
1960–1962
ca. 272 000 (inkl. Fiat 1100 Speciale)

4 Zylinder	1089 cm³
48 PS	132 km/h
930 kg	3,91 m

Renault 4

1961–1992	8 102 823 Stück	4 Zylinder	747 cm^3
24 PS	105 km/h	605 kg	3,61 m

Simca 1000

1961–1978	1 949 407 Stück (alle Modelle)			4 Zylinder
944 cm³	32 PS	120 km/h	820 kg	3,80 m

Meine Oma Grete hat sich fürchterlich über ihren Mann Viktor aufgeregt und ihn einen Angeber genannt. Das Geschehene hat mir meine Mutter des Öfteren erzählt.
1962 war's, als sich Viktor das erste Auto kaufte, einen Käfer. Bis zu diesem Zeitpunkt fuhr er Motorrad, NSU oder DKW. Aber schließlich war es eines Tages soweit, das auch diese Familie vom Wirtschaftswunder profitierte und der Käfer vor der Tür stand, ein gebrauchter, versteht sich.
Die Familie wohnte damals in Moabit, Oldenburger Straße 8, Seitenflügel, vier Treppen. Eine Wohnung mit Außentoilette.
Die Oldenburger Straße war damals noch eine Einbahnstraße, die man von der Turmstraße ausgehend in Richtung Unionplatz befuhr. Damals standen in der Straße vielleicht vier, fünf Autos. Viktor, so kann man sagen, war einer der Ersten mit einem Auto.
Jedenfalls wollte Viktor eines Tages zum Frisör, stieg in den Käfer, startete und fuhr los. Am Ende des gründerzeitlichen Mietkasernenblocks bog er zunächst rechts in die Wiclefstraße, dann sofort wieder rechts in die Bremer Straße, überquerte die Bugenhagenstraße in Höhe der Arminius-Markthalle und fuhr am Ende dann erneut rechts in die Turmstraße, um schließlich und letztendlich sofort wieder rechts in die Oldenburger Straße einzubiegen. Der Salon Edna war in der Hausnummer vier untergebracht.
Das war es, worüber sich meine Großmutter beschwerte, dass Viktor von der Hausnummer acht zur Hausnummer vier gefahren war, dieser Angeber. Was sollten bloß die Leute denken?

Volkswagen Typ 1 1200 (Käfer)

1961–1964	3 536 722 Stück (alle Modelle)	
4 Zylinder	1192 cm³	34 PS
115 km/h	650 kg	4,20 m

Volkswagen Typ 3 1500
1961–1973
2 587 976 Stück
4 Zylinder
1493 cm³
45 PS
130 km/h
880 kg
4,23 m

Ford Consul Capri 116E

1962–1964	18 716 Stück	4 Zylinder	1498 cm³
76 PS	150 km/h	953 kg	4,34 m

wynn's

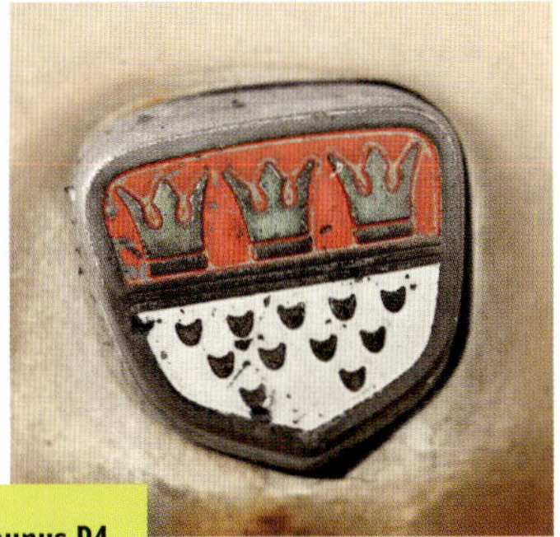

Ford Taunus P4
1962–1966
680 206 Stück
4 Zylinder
1183 cm³
40 PS
123 km/h
835 kg
4,25 m

Ford Cortina Mk I

1962–1966	933 143 Stück	4 Zylinder	1198 cm³
48 PS	137 km/h	778 kg	4,27 m

Toyota Crown S40

1962–1967	Stückzahlen k. A.	4 Zylinder	1897 cm³
89 PS	140 km/h	1255 kg	4,64 m

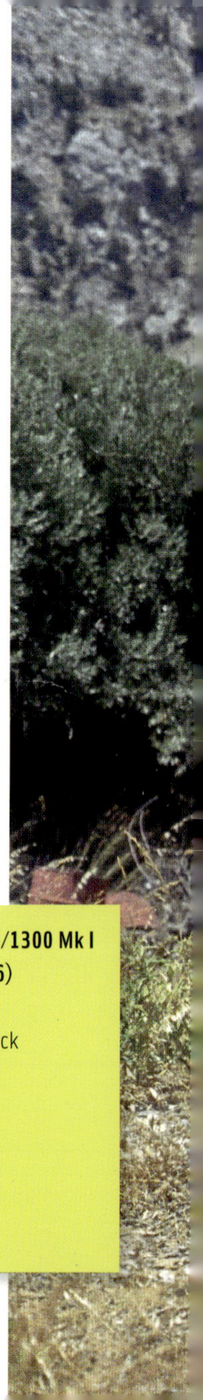

Morris 1100/1300 Mk I (BMC AD016)

1962–1971
801 966 Stück
4 Zylinder
1275 cm³
58 PS
142 km/h
840 kg
3,73 m

Morris Oxford Series VI

1961–1971	208 823 Stück	4 Zylinder	1622 cm³
61 PS	130 km/h	1130 kg	4,52 m

DKW F 102

1964–1966	53 036 Stück	3 Zylinder	1175 cm³
60 PS	135 km/h	910 kg	4,26 m

Ford Corsair
1964–1970
ca. 310 000 Stück
4 Zylinder
1498 cm³
58 PS
130 km/h
905 kg
4,49 m

Moskwitsch 408E

1964–1969	Stückzahlen k. A.	4 Zylinder	1357 cm³
50 PS	130 km/h	1040 kg	4,09 m

Ich stehe an meinem Auto, einem grünen Ford Taunus P5, der »Großen Wanne«. Die Motorhaube ist geöffnet, ich wechsle die Zündkerzen und bin vergnügt. Ich werde eines älteren Herrn gewahr, der mir zuschaut. Wie lange er schon dort steht, ist mir entgangen. »Na?«, sage ich auffordernd.

»Schöner Wagen«, äußert er, »der sieht ja ganz fantastisch aus. Was ist das denn für ein Baujahr?«

»1965!«, antworte ich.

»So einen hatte ich auch mal, in Schneeweiß. Ein tolles Auto, hat mich nie im Stich gelassen«, lässt er mit einem verklärten Blick verlauten und schwelgt in Erinnerungen. »Wissen Sie«, setzt er an und beginnt, minutenlang zu berichten.

»Ja und was ist aus dem guten Stück geworden?«, nutze ich nach einigen Atemzügen Berichterstattung über Fahrten nach Italien, Österreich und in weitere Länder eine Pause, die in seinem Erzählen entstanden ist.

»Ach, wissense, der TÜV war irgendwann zu teuer. Ich hätte den kompletten Unterboden schweißen lassen müssen, dann ölte auch noch das Getriebe, die Gelenkmanschetten … Da habe ich ihn auf den Schrott gejagt und mir 1978 einen Granada gekauft.«

Granada. Ich glaube, den hat er jetzt auch nicht mehr.

Ford Taunus 17M P5 (Große Wanne)

1964–1967	496 381 Stück	4 Zylinder	1699 cm³
65 PS	145 km/h	1000 kg	4,59 m

Audi F 103

1965–1968	81 724 Stück
4 Zylinder	1696 cm³
72 PS	148 km/h
980 kg	4,38 m

Vauxhall VX4/90

1961–1964	328 640 Stück (mit Vauxhall Victor FB)		
4 Zylinder	1594 cm³	72 PS	km/h k. A.
1010 kg	4,39 m		

Mercedes-Benz 200 D W 110 (Heckflosse)

1965–1968	156 365 Stück	4 Zylinder	1988 cm³
55 PS	130 km/h	1325 kg	4,73 m

Humber Sceptre Mk II			
1965–1967	11 985 Stück	4 Zylinder	1725 cm³
85 PS	ca. 150 km/h	1095 kg	4,24 m

Gross-Garage
Seefeld

Fiat 850 Coupé
1968–1970
342 873 Stück
(alle Modelle)
4 Zylinder
903 cm³
52 PS
145 km/h
745 kg
3,61 m

Opel Kadett B

1965–1973	2 649 501 Stück (alle Modelle)			4 Zylinder
1078 cm³	45 PS	128 km/h	745 kg	4,11 m

1965 Plymouth Valiant
1965
Stückzahlen k. A.
6 Zylinder
2786 cm³
101 PS
145 km/h
1166 kg
4,78 m

BMW 2000 (Neue Klasse)

1966–1972	165 335 Stück	4 Zylinder	1990 cm³
100 PS	168 km/h	1170 kg	4,50 m

Ford 17M P7a

1967–1968	155 780 Stück	4 Zylinder	1699 cm³
65 PS	135 km/h	1075 kg	4,72 m

NSU 1200

1967–1972	163 703 Stück	4 Zylinder	1177 cm³
55 PS	144 km/h	720 kg	4,00 m

Volkswagen Typ 2 T2a
1967–1971
1 123 479 Stück
4 Zylinder
1584 cm³
47 PS
107 km/h
1175 kg
4,42 m

NSU Ro80
1967–1977 37 374 Stück
Zweischeiben-Kreiskolbenmotor
Kammervolumen 994 cm³
115 PS 180 km/h 1210 kg 4,78 m

Ford Capri I

1969–1973	ca. 784 000 Stück (Werk Saarlouis)	
4 Zylinder	1305 cm^3	50 PS
133 km/h	975 kg	4,26 m

Peugeot 504

1968–2005	3 711 556 Stück	4 Zylinder	1971 cm³
93 PS	162 km/h	1330 kg	4,49 m

CYL 260

Saab 99
1968–1984
588 643 Stück
4 Zylinder
1709 cm³
80 PS
155 km/h
1075 kg
4,42 m

Volkswagen Typ 4 411 (Nasenbär)

1968–1969	71 443 Stück	4 Zylinder	1679 cm³
68 PS	145 km/h	1020 kg	4,53 m

Fiat 128

1969–1985	3 107 000 Stück	4 Zylinder	1116 cm³
55 PS	139 km/h	815 kg	3,84 m

Volkswagen Typ 48 K 70
1970–1975
210 082 Stück
4 Zylinder
1605 cm³
75 PS
1060 kg
148 km/h
4,42 m

CUY 045

Ford 26M P7b
1968–1971
567 482 Stück
(alle Modelle)
6 Zylinder
2550 cm³
125 PS
180 km/h
1205 kg
4,72 m

Fiat 124 BC Coupé

1972–1976	ca. 98 000 Stück	4 Zylinder	1756 cm³
118 PS	185 km/h	995 kg	4,12 m

Diese und weitere schöne Bilder sind auf www.aisbain.de zu sehen.

Mein besonderer Dank gilt folgenden Leuten, ohne deren Mitwirkung dieses Buch sicherlich anders aussehen würde:

Heidi Greeb, Marcus Post, Fabienne & Oliver Peters, Otto Weymann, Arnold de Man, Pål Hosk, Lisa Nygårds, Magnus Sidén und Freunde, Roland Pettersson, Hans Wessberg, Glenn Blom, John Lloyd, Martin van Dujin, Jim Inman, Janis Corrado, Gerry Swetsky, Martin Alford, James Grillo, Annie & Roger Wilbur, Paul Cowie, Armand Maréchal, Andrew Davison, Steve Sexton, Peter Bromley, Chris Muller, Scott Barrett, Grant G., Beata Poblocka, Benjamin Klein, Pascal Moser, epaveart.ch, dem Kamera-Service Ostkreuz sowie allen, die mir bei der Identifizierung der Fahrzeuge geholfen haben.

Bibliografische Information der Deutschen Nationalbibliothek
Die Deutsche Nationalbibliothek verzeichnet diese Publikation in der Deutschen Nationalbibliografie; detaillierte bibliografische Daten sind im Internet über http://dnb.dnb.de abrufbar.

1. Auflage
ISBN 978-3-7688-3753-8

Lektorat: Alexander Failing
Fotos (einschließlich Titel): Thorsten Müller
Schutzumschlaggestaltung und Layout: Gabriele Engel
Lithografie: scanlitho.teams, Bielefeld
Druck und Bucheinband: Westermann Druck Zwickau
Printed in Germany 2014

Delius Klasing Verlag, Siekerwall 21, D - 33602 Bielefeld
Tel.: 0521/559-0, Fax: 0521/559-115
E-Mail: info@delius-klasing.de
www.delius-klasing.de